大晨妈妈手绘育儿日记

大晨妈妈 著

清华大学出版社

北京

内 容 简 介

本书是作者在经历了孩子"懵懂的1岁","可怕的2岁"之后,开始绘制的"吃惊的3岁","叛逆的4岁",以及较为"乖巧的5岁"的故事!这个年龄段的孩子,常常会表现出一些令人哭笑不得的行为和情绪,让爸爸妈妈措手不及,十足的一个熊孩子。读懂孩子的心理世界,蹲下身来和孩子说话,用漫画轻松化解育儿焦虑,做个快乐的父母吧。

让我们一起来看看这个"乖起来要把妈妈融化,疯起来也能把妈妈弄疯"的熊孩子是如何一步一步在妈妈眼皮底下长大,又是如何感动所有人的吧。

图书在版编目(CIP)数据

大晨妈妈手绘育儿日记 / 大晨妈妈著 . -- 北京:清华大学出版社,2015
(亲子绘)(2018.8 重印)
ISBN 978-7-302-39806-6

Ⅰ . ①大… Ⅱ . ①大… Ⅲ . ①婴幼儿 - 哺育 Ⅳ . ① TS976.31

中国版本图书馆 CIP 数据核字(2015)第 081041 号

责任编辑:刘志英
装帧设计:王文莹
责任校对:王凤芝
责任印制:沈 露

出版发行:清华大学出版社
   网 址:http://www.tup.com.cn,http://www.wqbook.com
   地 址:北京清华大学学研大厦 A 座 **邮 编:**100084
   社 总 机:010-62770175 **邮 购:**010-62786544
   投稿与读者服务:010-62776969,c-service@tup.tsinghua.edu.cn
   质量反馈:010-62772015,zhiliang@tup.tsinghua.edu.cn

印 装 者:清华大学印刷厂
经 销:全国新华书店
开 本:148mm×210mm **印 张:**7.5 **字 数:**148 千字
版 次:2015 年 6 月第 1 版 **印 次:**2018 年 8 月第 2 次印刷
定 价:35.00 元

产品编号:061961-01

序

认识大晨妈妈已有 4 年了。尽管我们相隔两地（她在山东，我在广州），从未见面，但这丝毫不影响我们家长里短的吐槽、八卦。因为我们都为人母亲，有着相同的爱好，并且，我们还都是坚持原创的作者。

每次我新书上市，晨妈不让我送，执意去书店买，她说这样才是对一个作者的最好的支持方式，瞬间感动得我泪流满面啊！大概也只有作者才能理解作者的不易。每一本书的背后都有不为人知的艰辛，没有人知道我们熬夜、加班、修改编排的经历。不过，这一切都是值得的，因为我的书会被喜欢我的人，捧在温暖的手心里，偶尔会给人带去欢笑和帮助，有什么比这更重要呢？

《大晨妈妈手绘育儿日记》是晨妈的第三本书，严格意义上说这是她的第六本，晨妈的前两本书刚上市不久就得到了台湾媒体的关注，后来出版了中文繁体版，没多久又进行了二次加印，台湾上市的三本，大陆的两本，加上现在的这本，这不就是第六本书嘛！膜拜啊！尽管晨妈出了一本又一本书，但依旧非常低调，努力工作，相夫教子，依旧过着平淡的生活，和过去一样坚持画画，记录生活。

《大晨妈妈手绘育儿日记》依旧延续了以往的温馨可爱。尽管我在阅读的时候正被两个"熊孩子"拉扯着，还是不时"噗呲"的共鸣一笑——这就是晨妈的厉害之处，她就有这种拾起生活中细小的事情，绘制成一个个精彩小故事的能力——每个妈妈都有一个"熊孩子"，他们每天都吵闹，折腾，制造各式各样的麻烦，唯恐这个世界不乱不罢休，有时候会气得我们抠墙皮。但他们也有能力用"妈妈我爱你"来把你骗心花怒放，要把世界上所有最好的东西都给他们。对于妈妈来说，"熊孩子"就是一个温暖的昵称，尽管带有吐槽成分，但其中包含了无尽的爱和期待。

　　晨妈有一个女儿，我则一儿一女，我们都忙着工作和生活，并非别人想象的那么光鲜亮丽。我们时不时彼此留个言，打个招呼，等孩子们都睡了，就凑一块吐槽、八卦，不管聊到哪里，晨妈总能一步到位的理解，我喜欢这种默契，更喜欢那种给时光以生命的人，晨妈就是其中一位。

　　晨妈说，人这辈子最开心的事情莫过于，热气腾腾的生活模式里，不断遇上志同道合又热气腾腾的认可者。是的，我俩就是一个热气腾腾的灵魂遇上另一个热气腾腾的灵魂。我们认真的生活，用心的记录，安静的过着自己的小日子。

　　幸福就是这样吧，平淡又满足！祝福晨妈，祝福大家！

粥悦悦

2014 年 11 月 8 日

前言

　　一直觉得80后已进入一个就业创业、婚姻生育的高峰期，但真正走进我们内心世界并读懂我们这一代的书籍并不多见，书店里有卖厚重又专业的教育书，但我们又难以拿出更多的时间去字字研究。所以我一直想看到一本真正属于我们的细腻真实、温馨有爱又不失幽默的家庭书，图文搭配，浅显易懂，实用又轻松。但自己一直没有碰到，所以我开始着手画这样一本书，年轻的爸爸妈妈们可以拿来和孩子一起读，一起度过最美好的亲子时间，也可以坐在马桶上、地铁里慢慢消磨属于自己的小时光。孩子可以跟着书里的漫画学着涂鸦，试着绘画。家里的老人也可以在闲暇之余拿来看一下别人家"熊孩子"和自己家的是不是一样精力旺盛？

　　这本书里，是我在经历了孩子懵懂的1岁，可怕的2岁之后，开始绘制的吃惊的3岁，叛逆的4岁，以及较为乖巧的5岁之后创作的！这个年龄段的孩子，是最单纯最真实的，也是真正属于爸爸妈妈的！您看，他又开始冒出莫名其妙的问题了，她无意或有意地制造的一些事端，到底是想引起大人注意，还是纯粹的好奇探索呢？正在大人头疼想发火的时候，她又爆出了一连串无厘头的话语，让大人哭笑不得！转过身，她又和家里老人闹着玩，说话没大没小，是他没礼貌还是这只是她这个年龄所能表达的爱？是啊，有时候，我们真的忽略了孩子的一些行为和情绪，没有蹲下身来站在孩子的角度想问题，相信在这本书里您会看到每个家庭里都有这样的小事情在发生着，您还会看到这么一个有主见有心思的"熊孩子"，每天都在长见识，长心眼儿，就在您不注意的时候，悄悄地长大了……

所以，我要好好记录下孩子学龄前所有的生活小品，画下身边真实的小生活，以此纪念自己为人妻为人母的每一天，也为孩子做一个好榜样。如果这本书能有缘和天南地北同龄的爸爸妈妈们产生共鸣，那将是我最大的开心。

但是亲们，我和大家一样，也是一个每天在为柴米油盐和工作生活奔波的普通妈妈，我的育儿方法尽管不是最成功最科学的，但我相信，应该是最有爱的。但我毕竟不是专业的育儿专家和心理医生，这本书在创作过程中我也咨询和征求了很多专家的意见和建议，做了适当的提示说明，但请大家还是不要把它当作一本知识科教书来对待，如果亲们觉得看完这本书没有学到专业知识，但是感受到了浓浓的爱和正能量，突然觉得原来生活可以这样美好，原来最好的时光自己已经拥有，那么，晨妈的这本书就更有价值了！

说真的，晨妈一家以及晨妈的画，被大家认可和喜欢，我真的很荣幸。因为我从没想过在自己 31 周岁的时候，借着这份温暖，与清华大学出版社达成了互相信任和真诚的协议，感谢为我这本书费劲劳神的娄编辑，感谢亲切温柔的美编小王，书稿交给你们的那一刻起，我的心里就揣上了一只小兔子，跳跃又开心，放心又踏实……

最后，还要感谢一直在背后默默支持、喜欢、宽容并理解晨妈的亲们！让我们留住时光，留住爱，留住所有美好的回忆！

未来长长的日子，让我们慢慢地走，陪着孩子一起成长，好吗？

第一章
Chapter 1

天上掉下个 "熊孩子"

只怪"当年"太贪玩

妈妈，我在你肚子里的时候，都干什么啊？

每晚，大晨的必修课，都是趴在妈妈温暖的身上，问各式各样的问题……

你肚子里也有房子，有被子，有床吗？

没有房子，但是
妈妈肚子比房子
还温暖……

当时你在妈妈肚子里
玩得可开心了，撑得妈妈
的肚子一鼓一鼓的！

你在妈妈肚子里
玩的花样可多了！
踢啊蹦啊，翻跟头，
跳绳，打拳啊！

我想，这种回忆和讲诉，
是每个妈妈都乐意和孩子分享的！并且妈妈们还会常常
感慨曾经在肚子里的小不点如今已经长大，时间是多么神奇！

妈妈，我在你肚子里光玩吗？难道就不看看书吗？

怎么听着跟很有文化似的，呵呵！

你在妈妈肚子里时连衣服都没穿！哪还有心思看书啊？！哈哈哈！

我看我就是太把大晨当好朋友了，平起平坐的，丝毫没有居高临下的大架子，简直逮什么说什么！其实不是所有孩子都适合这样开玩笑的！所以有时我都觉得这小家伙也是吃定我了！

曾经跟她开玩笑，说她是树上摘的，

地上捡的，

石头缝里蹦出来的，

人家立马哈哈大笑！

一点都不担心！

妈妈，你骗
三岁小孩呢！

也不看看自己
"拢共"才几岁！

大晨妈妈手记:

    晨姥姥说我3岁的时候很顽皮，深更半夜不睡觉，闹腾着玩沙子，气得晨姥爷半夜筛出细沙子来堆放在屋里，瞌睡巴拉的看我兴高采烈地玩，有时我实在折腾得过分，晨姥姥就吓唬我"再不听话就把你送回洞里去，反正你是在洞里捡来的！"晨姥姥说我小时候一听到这句话，就会吓得乖乖回床上睡觉，屡试不爽。

    想必"80后"小时候都或多或少地经历过这样的"恐吓"吧？那时候这种话还特别灵。不像现在，小孩子普遍见识得多，还特机智，一般二般的玩笑根本就不当事了，转头就忘，呵呵。

这不，小家伙不但开得起玩笑，禁得住考验,还知道给妈妈提意见了！

妈妈，你该给我一个
iPad的！我在你肚子里
不看书，也可以打打游戏
啊~真的不能光玩的！

妈呀，我读书多，
你也不能这么哄我啊！
哈哈哈！

小鱼睡觉吗？

以前只知道晨姥爷爱蹲鱼缸前目不转睛地研究这些小生命，倒还真不知道小孩子也有这稀奇爱好呢~

这是在修炼啥功啊？宝贝~

这是没地儿坐了，还是咋地？

没事儿，它们是正常活动，一天到晚游泳的鱼，歌里就是这么唱的啊！大晨你忘了？

我们大晨肯定是在观察鱼的形状和颜色，然后一会就去画下来！

我是在看鱼是怎么睡觉的！好吗！！

那你看到了什么？

鱼老是睁着眼睛，游得很慢，不敢睡觉！有时困极了，都游不动了，太累了！

你怎么知道它们不敢睡觉的？

它们不敢闭眼睛啊，不然睡着睡着就撞玻璃上了！

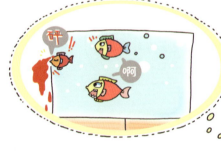

因为睡觉撞破头！它妈妈多心疼！

你肯定是想起了那回自己睡着了乱转，结果"咚"一声撞在床头，瞬间把自己吓醒的事情来了！

哎，这哪壶不开提哪壶的爹啊！

宝贝喜欢观察是好事儿，但有个地方妈妈需要给你更正一下哦！

妈妈说!

鱼是要睡觉的，但它没有眼皮，所以没办法闭上眼睛，就只好睁着眼睛睡了。大部分鱼在睡觉时，会在水里保持静止不动的状态，有的还会躲在鱼缸里的小假山后面，或者水草里一动不动，但咱们家鱼缸里就这几条鱼，其他什么装饰都没有，所以你看到它们长时间不动时，那就是鱼在睡觉呢！等大晨长大后一定好好研究其他种类的鱼是怎么睡觉的，再来告诉妈妈，好吗？

大晨妈妈手记：

　　五岁的孩子，思维敏捷，语言发展迅速。这个时期的孩子，对周边看到听到的，很会察言观色，并且他们已经能分辨简单的是非曲直。在生活中，他们观察的东西尽管和大人不大一样，但他们会把自己观察到的，脑子里想的，都用自己的方式描述出来，当然，有时还会适当地开开玩笑。就如我们家，我有时会恍惚地感觉，眼前的女儿，像个大人。所以有时候，我不再把她当成什么都不懂的小孩子，其实他们懂得很多，只要他们爱说，咱们就要学会倾听，学会记录，学会适当的表扬和赞美，学会恰当的更正和引导……这样下去，孩子和大人，肯定都会有很多意外的收获……

大晨妈妈手绘育儿日记

14

玩完放回原处好吗？别整那么乱好吗？

客厅瞬间脏乱差妈妈怒火心中烧

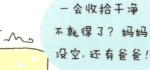

一会收拾干净不就得了？妈妈没空，还有爸爸！

天天这么整，谁也受不了啊！

大晨妈妈手记：

　　家有这样一枚精力充沛、伶牙俐齿的小不点，妈妈们肯定"不疯即傻"了！一天一神经，三天一哆嗦，五天一抽风，整体情绪起伏不定。不过当了妈妈的女人都知道，以前家里一尘不染，有了孩子后，家里就别想再时时保持干净如新了，谁家墙上没三五道的水彩笔痕迹啊，谁家沙发上没成堆的换洗衣服啊，谁家床底下没遗失的玩具啊……所以，别急躁，看得下去就开心陪孩子玩耍，看不下去，就等孩子睡着了好好收拾吧…… ♥ 心态要稳住哈！呵呵~

给妈妈吧，这个不好玩的！

我就要一个！

收藏多年的集邮册

要不你先放下这个，咱去游乐场逛逛？

游乐场不好玩！就要这个！

妈妈多年的心血，宝贝千万别破坏啊！

给不？不给自己拿了？！

比我的贴画还好看！
都是我的！
全贴衣橱上！！

到处乱贴的
小贴画

大晨妈妈手记：

　　这时候，我就像一个上蹿下跳的小丑，从看到大晨拿到了我最爱的集邮册，我分别用了"动之以情晓之以理煽情法"、"好言好语哄骗法"、"转移视线法"、"一点一滴感化法"、"愁眉苦脸哀求法"、"不得已河东狮吼法"……但这"熊孩子"仿佛刹那间油盐不进了！

　　依然坚持己见、固执成瘾。此刻，"连抢带夺法"是最不管用的，"一顿胖揍法"也是最失败的。

　　很多爸爸以为妈妈都是超人，是万能的。这下看到了吧，做妈妈的历经沧桑，也有被孩子高度刺激的时候！

　　就像现在，僵持了很久……

　　任我唧唧歪歪，她自巍然不动……

但凡吸引了她，
再宝贵的东西，在她眼里，
价值都跟外面一块钱的棒棒糖
没！啥！区！别！

入戏太深

暑假到了，西游记如期而至……

西游记一播，暑假的味道更浓了！
这不，聚精会神地看到半截，
伸腰换坐势时，突然发现有了尿意~

姥姥家是小四合院似的布局，有露天的小院儿，所以有时，难免会飞进来几只……

本来正在卫生间角落闭目养神，做着一枚安静的美女子…… 结果瞬间被唤醒……

大晨妈妈手记：

　　话说，晨妈正在门外等候，听到这话，瞬间就醉了……

　　还记得晨妈小时候，也是这样边吃零食边追《西游记》的！那时候晨妈都是幻想自己一夜之间拥有了孙悟空的法术，想吃雪糕变出雪糕，想吃糖就变出满满一房间！如果老师罚我站，孙悟空会变成小苍蝇飞进来解救我！

　　这不，看到女儿今天的天真无邪，再回忆到自己小时候，晨妈笑歪："不愧是亲母女啊！"

无理取个闹

这五年来，因为吃饭问题，没少跟孩子打嘴仗！这家伙，小的时候靠大人喂。后来自己下手，吃得满身都是。咱们寻思这是孩子成长过程中必经的经历，也就没有强加制止，结果等学会用筷子和勺子了，小家伙又突然一夜之间变懒了……该吃饭时，她会拒绝吃饭。等大人收拾起碗筷，她又饿了！于是，针对这"折腾"人的孩子，晨妈学会了"反抗"！

不想吃饭！

现在不吃，一会全刷！

反其道而行之，抓住火候，淡定反击！

这回，晨妈失策，有些迷茫了！
原以为这样"逆反"，她会害怕的。

小家伙乘胜追击，拿出最近常挂在嘴边的
这句"你心里说的"来抵抗！就像自己真
是妈妈肚子里的蛔虫似的！

大晨妈妈手记:

　　小家伙一边嘟嘟嚷嚷，一边捧起了小碗，还把两盘菜都护在了自己眼皮底下。像在证明什么似的开始吃饭。晨妈的反击，貌似管点作用……

　　每家的孩子都不一样，吃饭时的小插曲肯定也不尽相同。有的孩子很乖巧，不挑食，不多语，坐下就吃，爸爸妈妈着实省心不少。但有的孩子在吃饭的问题上却让家人大费周折。我发现有的妈妈很聪明，她们喜欢在饭菜的搭配、食材、花样上下功夫，有的妈妈还会365天饭菜不重样，并且把饭菜在盘子里摆出很多种造型来！这无疑会吸引到孩子的注意力，激发孩子去征服的好奇心。

　　三人行，必有我师！我要好好向妈妈们学习！

臭美不断升级

刚买了一把伞，
和一双雨鞋.

于是，
出门了……

不这样行吗？
又没下雨！

买了不用！
浪费！！

第二天……

去幼儿园不用
带这些！

先装你包里！
万一下了呢？

第三天……

大晨干啥呢?

@￥%……
……%&*

看不出来么?
天天蹲门口求雨!

大晨妈妈手记:

　　每个女孩都会有个爱美并臭美的童年. 我是很有感触的. 我小时候穿大人的高跟鞋上瘾, 妈妈怕影响我的脚部发育, 把所有高跟鞋都藏了起来. 不过瘾的我, 竟然掰断雪糕棒, 把雪糕棒插在凉鞋的鞋跟处, 自制了高跟鞋, 然后挎上了妈妈的包, 踩着这鞋就激动得翻来覆去照镜子……这记忆犹新的傻乎乎的童年仿佛就在昨天. 如今, 女儿又开始了新一轮的臭美升级! 即使买雨鞋, 也会选择带跟儿的, 哪怕只是略高一点, 也要不断地想着办法穿上展示!

　　想想自己也是从小女孩的阶段一步步走过来的, 所以养女儿也就能更深刻地体会小女孩的心思. 呵呵……

25

神笔用在刀刃上

小家伙最近喜欢听的睡前故事是: 神笔马良

晨妈最近正好犯了妄想症~

大晨妈妈手记：

　　神笔面前，大人追求的都是虚的，什么车子、房子、票子，都是欲望之物。唯有孩子追求的最实在。

　　有时候感觉累的时候，我总在羡慕孩子的简单和真实，他们难过了就哭，开心了就笑，想做什么，都会第一时间认真并真实地表达自己的内心。而大人却想得太多。孩子是一面镜子，能滴水不漏地照出我们的缺陷，然而我们有时却认识不到自己的不足……

妈妈的假期

早晨我去上班，走得会早一些，大晨上学比我晚半个小时，所以早晨基本都是我先出门，大晨由姥姥来送。但是今天……

终于可以24小时在家啦！

放了大假 激动难耐

妈妈，你怎么没去上班？

妈妈放假了啊！

以后都不用去了吗？

是哦！以后就可以好好陪你喽！

那你就可以天天在家里气我啦！

说什么？！

嘻嘻~

大晨妈妈手记：

陪宝宝玩的时候，爸爸妈妈们是不是会在几分钟之内产生这样的身体反应：时而疯，时而傻，时而尖叫，时而温婉，时而说笑就笑前仰后合，时而河东狮吼气急败坏？

这就对了，这就是孩子！乖起来会把你融化，疯起来也能把你弄急了！呵呵，亲们没两把刷子，根本玩不转这亲子瞬间哦！不过，每个家长和宝宝都有自己的一套相处方式和模式，相信爸爸妈妈们肯定也特享受这"累并快乐着"的美好时光……相信也都和我一样，想拥有更多的时间，拿出更多的精力来陪伴这又气又爱的"熊孩子"吧，呵呵！

黄金广告纸

由于我们暂时住的这栋楼是建设比较早的老小区，所以至今仍然保留着一些不够先进但深受老年人喜欢的健身设备，当然，还有固定人员隔三差五在门把手上插放几张生活报纸和广告！

小区大门口的告示牌上，贴满了形形色色的广告，但据说效果很一般。所以插放在门把手上的广告纸，就成了老人了解生活信息的一种便捷方式。（但由于每天发广告纸的是固定人员，大多以四五十岁大妈为主，时间长了，都熟悉了，所以相对来说，比较安全。）

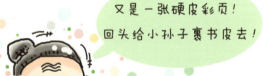

嗯，这张周到！超市广告还有引导图，家人再也不用担心我会迷路了！

又是一张硬皮彩页！回头给小孙子裹书皮去！

呀！这张大！一会放储藏室垫箱子底去！

来城里看孩子就是实惠，每天都有免费报纸看！

于是，一张张以前不怎么受欢迎的广告纸，
在老人手里，瞬间都变成了宝！

垫了箱底~

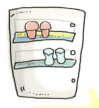

铺了鞋橱~

裹了书皮~

广告纸一下子成了特别有价值的物品……

也一下子成了老人们每天都很期望看到的东西……

听说每周五大超市
的鸡蛋比摊点上的
便宜！咱去看看吧！

人家说得拿着大超市发的
广告纸才行！
只认纸不认人！

广告纸呢？
我没见啊！

咱再等等！应该
很快就发过来了！

看，广告纸的用处还是显而易见的，呵呵。
至少，闲不住的老人们可以共同商量一些
"重要大事"了！当然，小孩子也很喜欢
这种花花绿绿的广告纸哦！

这张是卖手机的！
这个叫三个星星！
这个叫咬了一口的苹果！

对手机牌子念念不忘，
沉浸在积极学习的正能量中……

回到家，站门口一看，门把手上内容丰富.

又是一张卖菜的！

拿出一张给邻居李奶奶
送去！剩下的给你了！

广告纸给了大晨，
她就开始找剪刀了~

于是，各种蔬菜都被她剪成了
认图卡片!

自从有了这自制的认图卡片,
大晨同学现在记蔬菜记得可牢固啦~

当然，大晨也有"烦恼"的时候~

啊? 一张图片都没有!
这张是卖什么的啊?

哇！我知道啦！
一定是卖字的！
卖这些黑乎乎的字！

哈~那是卖房中介！
那可是密密麻麻的房源信息！
哎呦喂还别说，还真是卖字的！
登这种广告还真是按字算钱！
哈哈~

大晨妈妈手记：

　　幸好大晨在身边时能常给我们带来这些快乐，如果不是和她灵活的小脑瓜斗智斗勇，估计我们也不会这么频繁地使用大脑，不然我们浑身上下，里里外外早锈了吧，哈哈！

抢镜大王

咔嚓

自从有了智能机，自拍成了我的必修课！
美其名曰：每天一拍，记录年轻时的样子！
真实原因：指望老公跟拍，基本没戏！

可是，老公还是看不惯……

孩子都会打酱油了，你也别装未婚女青年了！

自拍不分年龄，自拍是无罪的啊！

如果说老公仅仅局限于语言指点一下也就罢了，
可自从大晨也知道了我这一爱好后，
事情就变成了这个样子：

随后几天，一旦打扮美美，掏出手机，调好模式，准备自拍时，小家伙就仿佛也接到了强烈的信号！不管当时在做着什么，一定会赶紧跑过来，来一场快闪！

咔嚓

咔嚓

咔嚓

于是，晨妈的每张臭美自拍里，背后总少不了有个若即若离的大主角！

我觉得有必要找小家伙谈谈话了……

拍合影时咱一定好好拍，但妈妈自拍时，能不捣乱么？

没捣乱啊！

给点自由空间好不？你影响到我自拍啦！

我又没挡住你的脸！

还真是这样！

大晨妈妈手记：

　　拍亲子合影时小家伙变身抢镜高手，现在我想拍个单身的个人美照，小家伙也默默出镜，她还铿锵有力的一句话噎住了我。呜呜，晨妈我整个人都不好了……

　　反应慢的妈妈注定会有个跑得快的孩子啊！

不会剥桔子的妈妈
不是好学生

实在想不出自己安安静静剥个桔子，
怎么会招来大晨这么大的反应……

41

话说晨妈自认为自己剥桔子的方法
是广大群众正在使用的标准剥法……
但在小家伙眼中，咱这是慢性自残！（先哭一会）

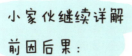
小家伙继续详解
前因后果：

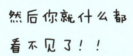
桔子皮上有酸水，
你那样剥，酸水会
迸到你的眼睛里！

然后你就什么都
看不见了！！

哎……要是剥完桔子
就看不见路了，
我可怎么办啊！！

这"熊孩子"，老是教我"歪门邪道"！

听完小家伙一席话，我这拿桔子的手，都不知道该往哪放了……

大晨妈妈手记：

　　在孩子的小小世界里，她认为剥桔子是件危险的事情！原因是她以前无意间被桔皮上的酸水迷过眼睛！她就永远记住了自己吃过亏！所以她不想让妈妈再受伤！

　　小家伙对妈妈的爱，渗透在了生活中的每个角落。我决定从现在开始，改变自己N年剥桔子方法，重新审视和配合晨式剥桔法！因为，这回，我又一次被小家伙感动了……

以后桔子这样剥，做让孩子放心的妈妈！

还能锻炼体型呢！嘿嘿~

第二章
Chapter 2

"熊孩子"的奇闻糗事录

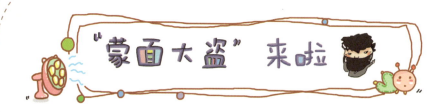

"蒙面大盗" 来啦

今儿才注意到，大街上涌现出了相当多的"新新型武装人类"！正风风火火地活跃在大马路上，让我一度怀疑这是不是人间八月天?!

36℃

我们走在大路上，
意气风发斗志昂扬！

向前进！向前进！
上班气势不可阻挡！

上下班高峰期，
大街上基本都有要去赶火车的倾向……

咋立秋一过，马路上冒出来这么多"蒙面大盗"？？防"秋老虎"的么？

她们打老虎？？

这个世界上，除了爱情里个别单纯的小姑娘，也就只剩孩子是这样只听字面意思了，嘻嘻！

她们才没工夫打老虎！

哦！妈妈，我看电视上做坏事的人也是裹的这么严严实实的！

这孩子，电视新闻没少跟着姥爷看！也是个能操心的人儿啊！

妈妈真心不喜欢戴！
你看，不戴这些，多清爽！
想往哪儿转头，就往哪儿转！
不碍事！看清路！好处多！

妈妈，你出门怎么不戴这个啊？

这个你也取当街说？？

妈妈是不是怕被警察叔叔认出来？是不是怕被当作抢银行的抓走？？

晨妈顿时
走不动道了

大晨妈妈手记：

　　这年头，带小宝宝出门，需要收拾奶瓶、尿不湿、换洗衣物等大包小袋。带大宝宝出门，尽管免了这些"硬件"，可是却要带好"软件"啊！即使带孩子"看风景"，也需要强大的内心啊，说不准"熊孩子"下句话是啥，更不知道她哪片云要下雨……大人还真需要一点视若无睹、旁若无人的好心态呢！呵呵！！

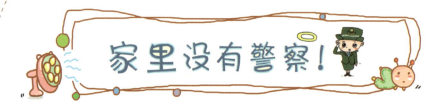

家里没有警察!

妈妈, 我手里有垃圾!
我可以按下窗户
扔出去吗?

地上那么干净,
你好意思扔啊?
放车里就行!!

没事儿, 我使劲扔!
风一吹, 就刮跑了!

风一吹, 都刮行人
睑上了! 不礼貌!

面对"顽固不化"的"熊孩子"，看来我要出大招了！

那我轻轻地扔！保准让它落在角落里，不飞到人家脸上！

你扔吧，路口那个警察指挥完交通就会跑过来扣咱们的车！

要是平时你来我往的磨叽这事儿，还有情可原。但毕竟车在行驶中，还得眼观六路耳听八方集中精力开车，哪还有时间跟这小家伙打太极啊！为了第一时间更直接准确地阻止她往车窗外扔垃圾，晨妈只好搬出了警察！！

被警察扣了车，还得再拾起你刚才扔的垃圾！咱们只好步行回家了……

额……被小家伙将了一军！
顿时觉得，教育孩子，还任重而道远啊……
万里长征，我这才迈开了第一步啊！

大晨妈妈手记：

　　女人开车出行，一部分为了上下班，一部分就是为了接送孩子比较方便吧！我接大晨放学，从她学校到小区大门，一共要经过8个红绿灯，并且都是主要交通要道。所以在车上我会要求她尽量不要提什么要求，一切等到了家再说。但毕竟孩子就是孩子，她会忍不住有这样那样的需求，所以我有时可能会适当地用几句善意的谎言，来确保开车不被孩子分心。

　　晨妈顿觉当今做"妈妈"是件多么深奥的"技术活"啊，拥有十八般武艺还不行，还得承受自己内心各种矛盾又自责的做法……呜呜！

致这些年, 大晨说过的梦话

有的宝宝睡觉不踏实, 在睡着的状态中, 笑得很开心, 或者表现烦躁并小声哭泣!

咨询过做医生的朋友, 他说宝宝在睡觉时出现一些较轻的动作和语言是正常的! 因此, 在不影响正常睡眠质量和身体健康的情况下, 宝宝说上几句梦话, 妈妈们也不必过于紧张和担心。

据我观察, 大晨一般会在白天玩得比较疯一点的时候, 晚上睡觉会出现说梦话的情况。下面晨妈就简单盘点和总结一下, 这些年, 大晨说过的"经典"梦话:

咕叽咕叽

① 梦话之一：替别人操心型

语气急促，慌里慌张。

小羊们，小羊们！
快点跑！跑！

什么？小娘们？
你看大晨做梦
都在骂人！

你耳朵是用来
吃饭的！大晨说的是
"小羊们"！！

② 梦话之二：**超级孝顺型**

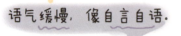

语气缓慢，像自言自语.

妈妈，好妈妈，你干什么去？

在这呢，在这呢！别找了别找了！瞅瞅我这得有多高大啊！

③ 梦话之三：**紧急搜索型**

充电呢！放心放心！

奥特曼呢？丢了丢了！

在床上翻来覆去，晨爹有劲的大手一把就抱起了大晨！

④ 梦话之四：梦里报复型

语气中会略带不满、委屈、和哭泣。

胖子！我要揍你！揍你！揍你！

这是和谁闹架呢？

白天被邻居小胖子打了一下，没敢还手！这做梦还想着报仇呢！

⑤ 梦话之五：睡觉不忘复习型。

情绪激昂，一字不差。

上山打老虎！
打老虎！（拖长调）

⑥ 梦话之六：绝密文件型。

不许告诉
光头强！

语气中和，有条不紊。

⑦ 梦话之七：预约档期型

语气恳切，心中有盼~

去钓鱼！
妈妈不上班！

⑧ 梦话之八：愤怒发飙型

讨厌大狗！
走开！走开！

趴在床上，
手舞足蹈！

⑨ 梦话之九：梦里发号施令型

警车出发！
出发！

铿锵有力，
义正词严。

⑩ 梦话之十：叽里咕噜各国外语综合型

（或火星语）

&*丫@(*~
阿牛阿里咕噜咕噜萨，
喽里叽咕咪咪牛……

说得口水滴答，
津津有味，又意犹未尽……

大晨妈妈手记：

　　每天，我都是在这小家伙睡着后，才又爬起来做家务，写东西、画画……家里很静，我也会有意地就窝在她身边做这些事情，所以小家伙的所有梦话，基本都被我成功听到了。还好，目前她的梦话，基本都算正常睡眠行为，没有吼叫、惊醒或梦游现象。

　　那么，如何搞好宝宝的睡眠卫生，不出现反常梦话或行为动作，晨妈做了一个小小的总结哦：（欢迎补充哦）

1. 注意白天不要让宝宝玩得过于兴奋或过度疲劳紧张！

2. 睡前不要给宝宝讲吓人恐怖小故事，或者做激烈的小游戏，亲子互动的幅度也不要太大。更不要严厉批评他／她，以免在睡前给他／她留下强烈印象！

3. 睡前一小时，饮食上尤其要注意，不要吃得太撑太饱。如果真饿了，一定要适度。

4. 多加注意卧室的环境，如温度、亮度、噪音等！尽自己努力给孩子一个温暖安全的生活环境！

宝宝睡眠过程中由于外界的鞭炮声惊醒或者梦话说得太多，此时此刻千万不要大惊小怪吓醒他／她，这时可以根据具体情况轻拍、轻抱或者给予温柔的安慰！给他／她十足的安全感。

后来我发现，孩子到了五岁，说梦话的情况开始逐渐减少了！但在醒来时能更清晰地表达自己做过的梦了……

呼哈，呼哈……

睡吧睡吧！大半夜的！

刚梦见了自己睡在车上，没人开车，吓坏我了！

呵呵，孩子就是这样，在一天一天琐碎的日子里，渐渐长大了呢……

小孩子的"战争"

不许你掐我!

就掐就掐!

以后再也不跟你玩了!

以后不想再见你!

讨厌!

哼!

回到家，大晨依然闷闷不乐，并伴随不间断的自言自语，开始发泄负面情绪……

看这架势，当我以为这俩小朋友要决裂的时候，谁知道，场面有了360度大转机……

妈妈，是我先抢了朵朵的皮球！

她问我要，我就是没给她！！我抱得死死的！

咦？朵朵的皮球没拿走啊？她一定生气了！

我得给她送球去！

说去就去，一扭头，去了朵朵家。
竟还又得到了朵朵的热情欢迎。

大晨你吃饭了吗？

朵朵，你的球
忘我家了！

哈哈……哈哈

瞬间又成
连体婴了！

妈呀，
我还没回过神呢，就这么
和好啦？刚刚不是还在叫
着自己被掐吃大亏了吗！

看见了吧，小朋友没那么复杂，吵吵闹闹一会就好！

要是成年人也这么互相体谅着，互相念着，社会得多么和谐啊！

大晨妈妈手记：

所以，小孩子们吵架，小小不然的事情，只要不涉及安全，就让他们自己去处理，千万不要因为孩子在前线小吵，大人在后面替孩子委屈而大闹啊！在旁边静观其变就好了！时间不长，你一定会看到他们吵架三分钟热度，事后又哈哈大笑的场景……

因为，小孩子们，分开十分钟，就会开始互相想念……

也不记得从何时起，和老公出来吃饭
总有个坏毛病：

晨妈都跟晨爹学坏了！
上了菜观察两眼，竟然先来一场"膜拜"！
膜拜完接着上传空间……

大晨妈妈手记:

　　身边有很多父母在吃饭时、睡觉前，以及陪孩子时玩手机（也包括我们）！玩得很投入，孩子被晾在一边很孤独！

　　我们确实需要反思了！不要再让大人专注玩手机的背影，成为孩子童年的深刻记忆！

　　作为父母，我们也应该合理分配手机的使用时间和场合！回到家，就要多陪陪孩子，多珍惜一下难得的亲子时光！因为，孩子转眼就会长大，等想起来很久没有抱过孩子了，或许孩子已经不再需要父母的怀抱！那时候我们如果后悔，恐怕已无法弥补！

"熊孩子"生气了

小孩的情绪，是六月的天。晴一阵儿，阴一阵儿，偶尔伴随着无规律的雷声点点，大雨滴……

大晨平时最喜欢给妈妈梳头，对妈妈有一头闻起来香香的长发羡慕不已，总是问妈妈自己的头发什么时候才能留这么长……

但是心情不好时：

大晨平时最喜欢跟爸爸依偎在地垫上，
还经常说跟爸爸在一起就是玩法多！
但心情不好时……

家里来了小朋友，以前肯定会主动拿出
玩具一起分享跟大家玩儿，有种"一起玩才
过瘾"的劲儿。但心情不好时：

大晨平时乖巧起来知冷知热，甚是暖心。可心情不好时：

小家伙肯定有不开心的事情，瞧这架势，等着咱们主动去猜呢！

一生气了就会整这些，都不带换样的！

盒子不听话，统统给你们搬家！

滚来滚去！滚来滚去！

大晨妈妈手记：

　　西方心理学家发现：随着初生宝宝第一次主动呼吸，他就已经具备了==感觉愤怒的能力==。当他慢慢学会用更多的动作、表情与语言来表达情绪时，发脾气就成为了孩子宣泄负面情绪的一种方式。但是呢，==豁达的爸爸妈妈==却是孩子学会控制愤怒情绪的最好榜样！日常生活中，不管遇到什么事情，爸爸妈妈如果选择用宽容和微笑来化解家庭矛盾或争吵，让孩子认识到"不开心"和"生气了"不是什么大事情，==快乐才是生活的主流==。那么，孩子养成良好性格和心态，也就不难了！

商场

哇，这件我好喜欢！

看，漂亮吗？

胳膊太粗了！
屁股太大了！

麻烦你
小声点！

额，这个……

妈妈，我说的你后面那个阿姨！

当下之际，跑为上策！赶紧撤出人家视线！

老板，衣服先不要了！

大晨妈妈手记：

　　孩子有个阶段确实会这样，说话不分场合，不懂轻重，有心的大人常常会被无心的孩子击到"内伤"。童言无忌也好，说者无心也好，在外面这样乱说话时间长了总归会影响到旁人，于是回到家我就开始苦口婆心，希望她以后发现了什么小秘密，先趴在妈妈耳朵上小声地说，记得要给别人留点面子，不能过分地大大咧咧。这个方法对大晨还是很管用的。孩子也有自尊心，跟她好好讲，她会明白的。

忽悠妈妈的最高境界

妈妈的背影，好好看！

嘘……

嘻嘻~

刚伸出胳膊
准备晾衣服……

就被这家伙
在后面猛扑！
熊抱！

谁啊？
谁在抱我？

装害怕！

别吱声！
我是你老公！

大晨妈妈手记：

　　我一直以为我家女儿顶多顽皮、外向、爱打听、爱问问题，谁料到她还是个大忽悠啊！那既然女儿这么把妈妈当回事，那晨妈我怎么着都得全力用心地配合一把啊！

　　哎，多么雅俗共赏的亲子瞬间啊！哈哈！

奶瘾随时犯

晕，这是到哪了？
好万有个公共厕所啊！
也不能一直这么捂着啊！

一摸摸！

这回算你狠！
下回我穿前开扣的！
看你怎么打我主意！

嘻嘻！

大晨妈妈手记：
如果亲们在大街上看到这情形，
一定不要惊讶，也不要以为我
纵容！我完全是在没注意的
情况下，被这小家伙袭击的啊！
呜呜呜……

nai nai

姐捂的不是胸口！
是！胸！罩！

喂，大姐，起床了嘿!

嗯，嗯!

我先去洗刷，你穿好衣服来卫生间找我哦!

嗯!

我起身离开，大晨徜徉在半睡半醒之间……

十五分钟后，等我洗刷出来一看：

呀，还躺着呢！

我怎么还躺着？

我已经跟妈妈出门了啊！
我还玩着弹弓，还帮妈妈提着包呢，
我怎么还在家里？？

大晨迷迷糊糊说了一大堆，
说的这种情景我简直刻骨铭心啊！
因为，我也是这种潜意识的受害者啊，呜呜！

好多次……

明明感到自己已经
到达单位，签名，坐下，
正在处理工作。

我还听到了领导的表扬，
同事的笑声，我还庆幸自己今天没起晚，
终于没迟到……

结果脚一踩空，腿一哆嗦，
恍然，惊醒，
妈呀,我怎么还在床上？？

这是上午还是
晚上啊！！

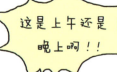

好吧，我承认，我们一家三口都是起床困难重度户，以至为防第二天早晨不迟到，第一天晚上都要早早地睡，然后把闹钟往前多定二十分钟，留出充分的磨叽时间，这样时间才够用。

但自从大晨上了幼儿园，我这无规律自由身的好日子就到头了，生活不但日渐有规律，每天早起的叫醒服务也日日提上心头，但遇上一个不自觉又缺觉的小懒虫，这日子就要越发"精彩"了……

起床啦！
今儿可不是假期哦！

马上就要
迟到了哦！

我想跟你去上班，
我不给你捣乱，
我一句话也不说，
我就坐在你旁边等
你下班好不好？

起个床就和买菜似的，
还得讨价还价一番！

咱说好了哦!
今儿是九月一号,
正儿八经上学的
日子!

哎呦,
我头疼,
我想吐!

看到这小家伙装得如此之像,
做妈妈的难免要伸手摸头除除疑!

头疼?
妈妈摸摸!
还真隐隐约约
有点热!

热了吧,
热了吧,
这就不用
上学了吧?!

借坡下驴!

每天起床都和
电视剧一样……

有时轻喜剧,
有时悲喜交加剧,
天天都有新故事,
日日都有新感受啊!

天大的误会

一日，女儿在沙发上
暗自神伤……

腿怎么啦？
唉声叹气的！

哎……

不好了！

有事说事，
别大惊小怪！

不对

爸爸说我长的随他，看看看看，腿上开始先变了！

要这么好变就好了！我也想变男人……

大晨妈妈手记：

　　小家伙很在意自己汗毛的长短，她一直认为：汗毛短的是女孩，汗毛长的是男人，她的汗毛从稀疏几根到旺盛密集就是要转变成男人的标志！呜呜，孩子啊，要是能这个变法，相信全天下的女人都想赶紧变男人啊！尤其是我，我是多么想变成你爹那样的甩手掌柜啊！（继续哭笑不得……）

第三章
Chapter 3

童言无忌的时光都是
限量版

一年被蛇咬，十年怕井绳

宝贝，咱们周末去刚开业的那个科技馆吧？

科技馆里有什么？

听说有生命馆，就是用高科技多媒体，或者模型，让你看看小宝宝在妈妈肚子里是什么样子的，还有人体五官等科学知识呢！

不去！

大晨妈妈手记:

孩子害怕打针的现象尽管很普遍，但我家大晨比较夸张，还"未见其人，只闻其声"，就已吓到腿软，甚至听到和医院打针沾一点边的词语，就已经开始厌恶至极！细细想来，这种现象可能源于小胡同里的老人们经常会拿着"再不听话就让医生给你打针"这种话来吓唬小孩子们，导致了孩子们对打针的排斥。医院是个既陌生又特殊的场合，满眼的"白大褂"、"打针号叫的小孩"，这无疑又增加了孩子的视觉恐惧，加上年轻父母焦虑的情绪也会第一时间传递给孩子，使孩子更加害怕。建议爸爸妈妈不要过分夸大打针的痛苦程度，更不要把打针作为"修理"孩子的手段！分散注意力、温柔相待，不失为一种缓解孩子紧张害怕的好办法。

拧起来像头牛

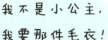

我不是小公主，我要那件毛衣！

行！穿！出门别说咱俩认识！

百般阻挠不如让你亲自一试！小样的！保准让你有这回，没下回！

好像是真有点热！

大晨妈妈手记：

　　有时候，再多的苦口婆心和谆谆教导，都不如放手让小家伙亲自去体验一把。只要是安全的，我们在旁边做好观察就行了。比如这次，当我穿着T恤短裤潇洒走在这炙烤的大地上时，大晨早已被她自己的选择弄得汗流浃背了……于是出门没几步，就主动要求返回家中换夏装！哈哈，看来，和21世纪的"熊孩子"过招，有时还真得顺应她意，让她吃点苦头！自己认识到的，记忆才最深刻吧！

第一次发课本

大晨放学后，背着书包，抱着几本书，蹦蹦跳跳地出了幼儿园……

妈妈，我们发了新课本啦！

我觉得，小孩子在幼儿园领到了正式的课本，和成年人凭自己努力买上了房子，激动感和成就感应该是一样一样滴！！

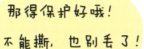

大晨妈妈手记:

相信孩子在成长的过程中，基本都会经历过啃书、撕书、划书、扔书的阶段吧！还记得大晨小时候，竟然会把书折腾得如面条一般，有时还会表演"天女散花"！后来我还花心思买了很多的布书，教育大晨要珍惜它们。

到了三岁半，小家伙上了幼儿园小班之后，第一次过上了集体生活，就渐渐地懂事了好多。等到全班同学都发了一模一样崭新又漂亮的课本后，大晨竟然比谁都热爱自己的每一本书，不但让我给它们裹上书皮，还担心我不会善待它们。呵呵，小家伙，你忘记了妈妈是教师么！买书不但必须买正版，还特别热爱书房！肯定会帮你收藏好你人生中的每一本书哦！让我们一起热爱书籍吧！小家伙！加油！

"完美小孩" 与袜子

这辈子没拥有一个"完美洁癖"的老公，
自己也不是"完美主义者"，
倒越来越发现养了一个有"完美强迫症"的小孩！

洗完自己的小袜子，
小家伙总会小心翼翼，边边角角，
把他们一个一个亲自细心夹好！

你们别动！
我来夹！

（注：这是一个炎热夏天里，穿凉鞋不习惯
光脚，一定要套上小袜子的女孩儿！）

然后等第二天晾干以后，再聚精会神地
一个一个铺在床上，给它们配对。

一看不成对儿，又开始满屋子寻找那一只不知道遗失在何处的袜子。

不死心地，各种找……

袜子，袜子呢？我就不信找不到你！

和热锅上的蚂蚁似的！直到找到为止。

原来让被子压住了！

如获至宝，捂在脸上。

翻来翻去满屋子找袜子，最后还得我收拾烂摊子……

孩子啊，要是为娘碰到这种情况，为娘是不会这么劳神的！！

你有神马高招？？

我可不这么完美！我会直接把那只多余的袜子，扔掉！一了百了！！

走你！不送！

我晕，一个完美成神！一个败家到精！

不过，话说回来哦，大人再怎么潇洒，在小孩子面前可不能这么随性哦！

特别提示

晨妈大大呦呦，但也不要误导了大家！在生活中，还是要艰苦朴素滴！你看，实在找不到那一只袜子，这一只还可以做个玩偶的嘛！嘻嘻……

大晨妈妈手记：

　　有时候我都觉得，女人做了妈妈，才发现自己身上原来还有那么多以前不知道的能量。美食、写文字、画画、摄影、手工……一个比一个强悍！就像我的表妹，以前多么潮的一个时尚小白领哦，做了妈妈之后，竟然无师自通学会了一针一线给宝宝做小棉裤！所以我相信，一只袜子，在妈妈们手中，肯定也会变出更多更好的新奇小玩意儿！爸爸们，不要小看你身边的女人哦，因为只有你想不到，没有她们做不到的！

妈妈沾大光

宝贝！
跟上呀！

走着真累！
抱着我吧！

去对面超市，一般我会在家里推个小车出门，
要么推买来的东西，要么推耍赖不想走路的大晨！
但有时候买东西是即兴的……

妈妈手里
提着东西呢！
没多余的手
抱你了！

要不？
你抱着我，
我提着东西？

妈妈抱着我，我不使劲儿，
妈妈抱着我就轻了！
我提着两个袋子，
袋子可不知道让着我啊！

妈妈，还是你沾光！
来呀来呀！

大晨妈妈手记：

　　真不知道是我家小家伙想问题不拐弯呢，还是喜欢没事给妈妈出个小点子想帮助妈妈解决生活难题呢？呵呵！但是晨姥姥说"大晨是个遇见问题不退缩的孩子！只要不要讨人厌和伤害到别人的小聪明，咱们大人就鼓励她多动脑、多思考、多表达、多总结吧……"

"乌云"代表了什么?

妈妈,快来看!
我画了几幅画!

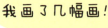

兴致极高

怎么画了半天了,
都是乌云笼罩? 波浪翻滚?

我也觉得不对劲!
以往画的都很鲜艳,
这次怎么乌了吧唧?

画面呈全灰调！
这种情况还真是开天辟地头一次。
所以晨妈和晨爹难免背后会窃窃私语……

我觉得有必要问问
大晨画的内容，其他
我不多说，你觉得呢

俩人望着窗外，
盯着这风和日丽的天空，
大惊小怪起来……

对！咱可不能
误导了孩子……

趁小家伙搭积木玩得开心，我俩商量，由我走到她跟前见缝插针地无意问一下，也显得不那么突然。因为小孩子的心思有时很周密，有时也很细腻……有时光靠大人猜，也难免会猜跑偏！所以还是亲自问一下吧，兴许还能问出个蛛丝马迹！哎，你说如今这做家长的，哪个不具有点私家侦探的潜质啊！真觉得自己越来越厉害了嘿！

晨妈更迷茫了，本来是在关心探究孩子的内心世界，
但孩子却恰恰和妈妈不在一个频道上……

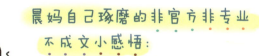

晨妈自己琢磨的非官方非专业
不成文小感悟:

经验告诉我,孩子会把情绪表现在画里,
所以这次看到满幅的乌云图,我第一时间想到了
大晨的 **心情!**

可是,大晨却不以为然地对我说:

天气预报

我就是看着
天气预报上说
这几天晴转多云,
大到暴雨……

啊……

哈……

109

哈哈，虚惊一场啊！
原来，大晨画面里的乌云
不完全代表心情和情绪，
还会代表近日天象哦！呵呵

晴转多云，
大到暴雨，
我画的像不像？
嘻嘻……

大晨妈妈手记：

　　哎，大人啊，平时做事很淡定，遇到孩子的事情，立刻就会手忙脚乱，拿不准分寸了。事后我跟晨姥姥唠叨这事儿，她说幸好大家没有对着孩子一惊一乍乱做主张瞎定位，不然大人的神经兮兮也会让孩子跟着敏感！本来没有的事，描得多了，也就成了事！大人有时候就是想太多！还容易把自己的思想强加到小孩子身上！这点儿确实很讨厌！

　　是啊是啊，我们确实要深刻地就此问题对自己进行反思检讨了……

宠物迷

手机快没电了，大晨，给你爹去拿充电器！怎么样？

好的嘞！

晚上晨爹进了被窝就像被胶水粘在了被子上！死活都下不了床！

看我闺女多敞亮！晨妈，学着点！比你强多了！

嘿呦，嘿呦，
充电器来啦！

就这么拉着进来了？
不会抱着吗？
不会捧着吗？
再不行放口袋里啊？！

这样拉着万一把自己绊倒
怎么办？万一沾到了水怎么
办…… 万一刮花了地板
多难看！

粗心的爸爸被唐僧附体……

大晨妈妈手记：

　　一个黑色充电器，普通又枯燥，还毫无新意，但在孩子眼里就可以把它瞬间变成心头上的小可爱。晨爹直呼孩子大了，摸不透了。呵呵，其实这才是孩子真实的世界啊！大人眼里不起眼的东西，但却是孩子过家家时最珍贵的道具哦！

凌乱的妈妈

闺蜜一家去海边度假，把照片传了过来。

大晨快看，佳佳用沙子把他爸爸的身子全部盖住了！

他爸爸只露了头和脚丫子！

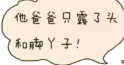

下回咱们去海边，你也这样跟爸爸玩儿！

可是我不想这么玩儿！

大晨妈妈手记：

怪不得老人都说女儿是爸爸的贴身小棉袄，以前我都不把老理儿当回事，现在却觉得处处是真理啊。小家伙心里不但时刻有爸爸，还设身处地为爸爸着想！爷俩即使平时再打闹，再互相埋怨，但关键时候是不掉链子的哦！

晨爹说，有个女儿在身边，心时刻是暖的。哈哈，是啊，也不知道是不是我先把他刺激冷的！话说有时候，看爷俩感情那么深厚，我是很嫉妒羡慕的啊……

画性大发

说吧，今儿想去哪玩？

哪也不想去！想画画了！

哇，好专业的样子！难不成这是传说中的灵感来袭，画性大发？

妈妈，你忙你的，我画完叫你！

好的好的！我不打扰你哈！你画一下午都没事！

⑥

妈妈给我梳头发，已经梳好一个了，正在梳另一个。妈妈把我打扮这么漂亮干什么啊，万一被别人的妈妈相中让我做她孩子怎么办！！

哈哈哈，听完大晨的讲解，顿觉眼前一片爽朗啊，生活如此多彩，哈哈哈哈……

大晨妈妈手记：

　　晨妈是大晨最亲密最信任的好朋友，所以我们俩经常一起嬉笑怒骂，一起开玩笑，甚至一起交流沟通对方的小作品哦，呵呵。尽管很多时候都是互相取闹，但我是打心眼里喜欢看大晨画画的专注劲儿，更喜欢她画完之后给我讲解自己画里的意思。我一直觉得这是最有趣的亲子瞬间。亲们也试试哦，你保证会听到孩子所有的想象力和你平常所看不到的她的灵感，呵呵……

第四章
Chapter 4

试着去懂"熊孩子"的
内心世界

小误会

晨爸看到桌子上的大苹果，灵机一动，
边吃边决定考考大晨：

听到大晨的答案，晨爹都愣了！
但依然穷追不舍：

大晨妈妈手记：

　　晨爹一定以为他只是在单纯地出一道简单的算术题，殊不知在孩子眼里，这哪是一道算术题那么简单？就如大晨看到妈妈每天提着重水果爬楼太累，所以每次都叮嘱妈妈一定少买几个带回家，这样不会累。并且，她还说："大人和小孩都不能自私哦，要学会分享，所以买来的苹果不能一个人吃完，大家都得尝尝的哦！"

　　当然，这些也是事后我问大晨时，她再三强调的！看来，这次发生在爷俩身上的小故事绝不能归为"护食"的范畴。因为，大晨后来还对我说："妈妈，我觉得爸爸不该自私地吞苹果，他应该先分配好，跟我说清楚，然后再做算术题！"

　　呵呵，多听听孩子的心声，会减少很多对孩子的误会哦！

小伙伴们通电话

暑假里，见不到幼儿园好朋友了，
大晨感到很失落……

想他们了，就可以
给他们打电话啊！

其实我知道佳佳
家里的电话。

其实是我忽略了这个问题，确实应该督促大晨和小伙伴们
保持联系的，谁还没个朋友圈啊！

这边正反省，那边人家小伙伴的电话就通上了……

佳佳，我是大晨，
我都想你了！你
干什么呢？

我在吃西瓜！
大晨你吃了吗？

佳佳你知道吗？西瓜、冬瓜、南瓜、丝瓜都能吃，就是傻瓜不能吃！嘻嘻~

还有懒瓜不能吃！

哇，佳佳你知道的真多！！

因为我爸爸就是懒瓜，妈妈说他什么都不做，光玩手机！

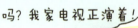

佳佳，你看《西游记》了吗？我家电视正演着！

我家电视坏了！我爸爸很懒，不给修！

佳佳，就这样吧，不多说了，我爸爸妈妈在门外面偷听呢！

嗯，这是咱俩的秘密！挂上电话你干什么去？

我忙着管爸爸去啊！他这几天很不听话，老是气我！

你又不是他的妈妈！

我可以在心里偷偷地当我是他的妈妈啊！

那我就在心里偷偷地当我爸爸的爸爸！

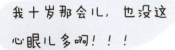

哈!
你你你你你!

我十岁那会儿，也没这
心眼儿多啊！！！

早就跟你说过现在的小孩不简单，
他们会察言观色，还会模仿，
以后你赶紧注意自己言行吧!

知道厉害了!

大晨妈妈手记:
　　小家伙抱着电话跑到屋里，小门一闭，敞开了心扉，
给小闺蜜佳佳这是一顿猛聊啊……句句真实，段段精辟，
章章绝伦，篇篇锦绣啊，简直一场针对各自爸爸的交流性
电话通气会……爸爸们以后可真真儿要注意了哦! 嘻嘻!

"求抱" 新手段

宝贝你看，周围那么多小草！

小小草，爱舞蹈，风儿吹，摇啊摇，大地妈妈问声好！

把学到的知识运用到生活中！好棒！

就是不懂为什么叫大地妈妈啊？

因为大地养育了我们啊！树木，河流，小鸟，我们，都是大地妈妈的孩子！它像妈妈一样关爱我们，所以我们也要保护它！

哦！

太阳落山啦，咱们也该回家啦！唉，怎么不下来？

我的脚不能踩大地！我不能踩我们的妈妈！

哦！我仿佛听懂了什么～

大晨妈妈手记：

大晨不会走路时，是一个劲地挣脱下地。这后来学会走路了，却又开始找理由让抱着，并且年龄越大，想法越多。这回又整了一个有技术含量的小理由！呵呵。不过，孩子想黏妈妈，妈妈当然也想黏着孩子啦，因为，等孩子长大了，做妈妈的想抱还抱不动了……

妈妈一直被保护

别动啊,
马上停稳,
我帮你开车门!

台阶是分界线.
停台上,一点事没有.
停台下,就要被贴罚单.

下车时要环顾四周,在
安全的情况下才能下车.
知道吗?

叽咕叽咕,咪咕咪咕
@#￥%……@#&~

我还以为她胆小，
原来，潜意识里，
她一直是想着如何
更好地保护妈妈啊！

只管，那人不是坏人，
只是一个独行的乞求老者路过，
其实大晨也分得出来。
但当时看到老者深沉面孔的那一瞬间，
她肯定是出现了短暂的害怕，继而躲避。
她在用自己的方式，
躲避小孩子眼中认为不安全的因素……
也是在用自己的方式，
保护着自己认为应该保护的人……

——大晨妈妈手记

妈妈心❤中最重要的角色

晚上，洗刷完，和大晨坐在床边吃苹果，
她一口，我一口。
看着她胖乎乎的小脸，我突然感慨了起来……

那你是妈妈心中最珍贵的大黄鸭！

我不当大黄鸭子！

啊？你怎么了？

为什么我在妈妈心里都是游在水里的？！

妈妈还没发现这个问题呢！大晨想做妈妈心中的什么啊？

想做妈妈心中那个坐在岸边看天鹅和大黄鸭的人！

 大晨妈妈手记：

　　孩子渴望得到妈妈的夸奖，但是在晨妈眼里可爱的比喻，在大晨眼里却认为不妥当。只有和妈妈喜欢的一同住在妈妈心里，这才满意。小家伙别看年纪小，倒也是非分明。话说看到小家伙纠结的样子，我就想笑，自古以来，孩子在妈妈心中的地位，当然是第一位的。可小家伙是不是觉得要像她这样比喻才踏实哦！

宝宝的心声

电视里，正在播出某教育栏目。是关于孩子做错事而父母处理不当导致孩子越发叛逆的典型案例。

貌似为了探讨孩子是如何走上叛逆道路的过程，节目还特意请了演员还原了一些故事情节……

妈妈，求求你！别揍我！

小兔崽子你以后要是再砸人家玻璃，我就从8楼把你扔下去！扔下去！

我一会告诉我爸爸，让我爸爸收拾你！

你想气死老娘是不是？气死老娘你跑大街上要饭去！

大晨妈妈手记：
听到孩子这样说，晨妈陷入沉思……
每个孩子都是这个世界上的独一无二，
他们也有尊严，也有主见，他们更害怕被抛弃……
大人再忙，再生气，也得重视和顾忌孩子的内心感受啊！

妈妈"病"了……

妈妈
你怎么了？

去找爸爸玩
一会！妈妈肚子
不舒服！

每个月都有那么三五天,
消极、慵懒、烦躁、
莫名其妙没精神……

哦！

我安静
一会儿！

我不管谁的事！你都得关了它！

为什么？

妈妈让你陪我玩！你还开着电脑干什么！你不是说做事情要一心一意吗？！哼！

就爱利用各种机会给我"上课"！

大晨妈妈手记：

我一定不会告诉晨爹，大晨心底还有个小愿望，就是长大了做个有爱心的好老师！嘻嘻~

教育"铺张浪费"的妈妈

用帮忙么？
妈妈~

不用，
好好看书吧~

扔垃圾？

满了就得
及时扔啊！

大晨你看书！
我把垃圾提到
门口去！

你应该再踩踩！
妈妈你看！还可以
再多装一点的！

不要啊！

大晨妈妈手记：

　　大晨说以前见过有邻居这样踩过，她就记住了，觉得这样一踩，垃圾扁了，确实还可以留出空间装更多的垃圾。我对她说，节俭是应该的，但也要分情况。这是客厅的垃圾，基本都是食品袋子，要是厨房垃圾袋，全是瓜瓜水水，难道也这样拿脚蹬吗？会过日子是优良传统，但自身卫生也要时时注意哦！不过这次大晨提示妈妈，并上前亲自示范，作为家庭一分子，主动承担家务事，还是要重点表扬的哦！

操心的小孩儿

大晨！
大晨喂！

姥姥这样子喊我，
我就知道该喊姥爷
吃饭了！

呼叫姥爷！

启动小喇叭
尖嗓模式~

在这儿呢!

姥爷,你真贪玩!
身体还没好,鸟身上有细菌,
你真让我操心!操心!

赶紧回屋吃饭!
身体还想不想好了?

我走了!
真走了哈!
不喊第二遍了哈!

别走啊!
来了来了!

大晨妈妈手记:
　　这就是浓浓的祖孙情!自然而真切,顽皮又疼爱.
晨姥爷是老顽童,大晨又恰恰"刀子嘴豆腐心",一正一邪,
生活中怎会少了真情呢!呵呵~

为自己代言

大晨，帮我接着苹果核！

这边呼叫完，那边接着叫：

大晨快把辣椒酱拿走，我看见就牙疼！

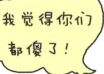

大晨妈妈手记:

　　我看到宝宝们两三岁时，都是特别爱劳动的小蜜蜂，你让她扔个垃圾，她会激动地乐此不疲，没垃圾了创造垃圾也得不停地跑来跑去。但到了四岁以后，这小心眼就多了，小家伙也开始"翻身农奴做主人"，为自己代言啦!

　　此时此刻，晨妈尤其觉得，父母在家尽量不要随心情召唤孩子做这个做那个，家庭成员之间千万不要用命令的口气对话，不然孩子会跟着养成命令别人的不良习惯! 所以父母应从自身做起，为孩子创造一种民主、礼貌、和谐的家庭环境! 因为不但夫妻之间需要这种温馨和尊重，孩子更需要哦!

姥姥的恩情比海深

智慧姥姥有几招

晚上8点半，姥姥领着大晨，
从小公园散步回来……

以往9点这里还
热闹呢，今天降温，
都回家得早。

好安静哦

这时，一个黑影在两人身边，忽闪飘过……

谁?!

晨姥姥冷不丁被吓了一跳,
脾气就上来了!

装神弄什么鬼啊!

晨姥姥稳住脚跟一声吼啊!
男人突然哀求起来:

大妈, 我手机丢了,
帮个忙,
借我手机用用吧?

我!没!手!机!

都什么年代了？
你怎么会没手机？

没有就是没有，
你就是叫唤到断气，
你大妈我还是买不起个手机啊！

看晨姥姥那么铿锵有力，不怯不软弱，
这个鬼鬼祟祟的人，只好悻悻地走了……

姥姥，手机就在你口袋里，
你怎么骗人家？
说谎可不是好孩子哦！

黑天半夜的，放着
公用电话不用，放着
那边锻炼的男人不借，
偏偏借我的，万一是
偷孩子的呢？

万一他……

幻想图

机会来啦！

小贼，别跑！

追上了就还给你！

我的孩子！

我的手机！

如果是这样，那姥姥就真的悔断肠子，不想活了！

所以当看到这人一开始就神出鬼没，不像真求助的，我就干脆说我老太太穷得没手机。他要是真有事，他会再去求助别人！

不然，一时糊涂一时好心，真出事就麻烦了！

后来，当我听说此事，先是有些后怕，
但一想到老妈的头脑，又双手称赞！

我从来都不知道
原来我妈懂兵法！

哼！给老娘来调虎离山
这一招！小兔崽子们
还嫩点！

老妈平时很温柔！
遇到事上，还是蛮凶猛的！
智慧有了，气势也有了！
我也要加强学习了！

老伙伴们，
替子女照看孩子，
可要长点心眼哦！

我说老伴啊！
我看你快成精了啊！
哈哈！

智慧姥姥使大招

晨姥爷和姥姥，截至目前，一共做过三份工作。
上班，开店，还有……

这活儿，
不轻快啊！

咱可得
扛好啊！

姥姥看孩子，总觉得自己身上的责任大！
所以她任何时候，脑子都绷着一根弦，
难免也会考虑得多……

相信每个当姥姥的带孩子，一切都是为了自己的女儿！
替女儿分担，不让女儿为难，
不让女儿上着班还操心
家里孩子没人看。

心声

是的，晨姥姥对看孩子，确实很讲究，有很多地方，都是可圈可点的，有时候我都觉得换作我们做子女的，都不一定会做到她这么细心机智有办法。所以我一直很感激。

现在，根据晨姥姥的口述和她看孩子遇见过的情况，特别总结出《老人照看孩子时的安全必知》。做纪念，也做交流。

（1）家中有棱角的地方不可小视

大晨要是真不小心碰到了桌子角，至少能不那么疼！

呸呸呸，乌鸦嘴，杜绝这种不小心！咱俩高度集中，俩人还看不住一个孩子么？不过这个还是要装上，呵呵！

（2）多看书读报，与时俱进

什么？
肥皂？！

在外面看孩子时，如果有人
向你推销肥皂、洗头水什么的，
你可别图便宜，报纸上说
闻一下就会晕过去！

（3）中午陪睡时，老人别慌着先睡。要预防孩子
睡熟了蹬被子，还得时刻注意被子是不是捂住了口鼻……
最忌把孩子放在房间睡觉，老人在客厅看电视

守着你
最踏实。

床前不要放垃圾桶！
预防太小的宝宝
头朝下掉里面。

（4）孩子独自睡觉时，要注意防护，避免掉床。还要时不时关注房间动静，不要离孩子太远

（5）多关注电视新闻联播，多看生活报道

又有手足口病例了，近期要少带孩子去人群聚集的地方……

预报下午有大雨，不能带孩子走远……

（6）带孩子游玩时，要注意酒店的窗户有没有防盗网！千万别把孩子单独放在房间玩，别因游玩冲昏了头脑

走啦，跟姥姥一起去卫生间给妈妈送睡衣！

（7）手机上需要输入几个电话号码，以备不时之需

幸亏懂拼音！
还得再戳上几个电话，
急救中心的，物业的，
出租车总台的，
门口大饭店的……

（8）平时注意观察和学习紧急通道、安全出口、交通标志等视觉符号，还要接着教给孩子

教给你，也是让姥姥加深印象！

安全第一哦！

今天咱们来看这两个图片！

呀！拦住了一个小孩！不让过去了！

（9）家里钥匙不随便露给外人看

老姐姐，说个事，我拾到一个钥匙，你看是你兜里的吗？

不是我的！我家常年有人，用不着拿钥匙，你还是交到物业吧！

（10）在房间入口，晨姥姥习惯放个沉一些的东西挡着门，有时挺碍走道儿的，但她说：

放好房门钥匙之外，这样还可以防止她不小心把自己反锁在房门。

风吹门也不怕了！好家伙！真是一阵穿堂风吹来，门关了！万一孩子在房间，可真麻烦！

（11）电源、插座、塑料袋、硬币等物品，是收是放，看家中具体情况。但一定要找时间找适合自己孩子的办法，给孩子多讲解和教育这些物品的危险性

（12）打扫完房间后，每次都会收拾出很多垃圾。这时，不要急于把孩子放在家里，出门扔垃圾

（13）门上的猫眼儿，是老人需要重视的"照妖镜"

别人家依然灯火通明，怎么就停咱家？？

黑咕隆咚！

您好，小区停电，我们上门查线路！

我们没停电啊，四敞大亮的！不用查了！

（14）手机如果遇到比较可疑的电话，要保持清醒，不要轻信，可适当"装傻"

"您好，我们是移动通信公司员工，现在线路需要检测，请您暂时关机2小时。感谢您的理解和支持！"

什么？吃饭？我没时间啊！我这边地还没种，猪还没喂，羊还没放，狗还没遛……喂喂喂！说话啊，咋没声儿了？

（15）再强调一遍，要相信劳动果实，天上不会掉馅饼，千万不要因为占便宜，因小失大

大妈，换钱不？一百换四百！把孩子放一边，好生意别错过！

行，要不你跟我去家里换吧，我住派出所院内家属院！前面左转就到！

老人带孩子，先不说教育和其他问题，首先这个安全问题是最重要的！安全保证了，其他才能开心愉快地进行！

姥姥记得不能跟陌生人说话哦！

平淡的生活，细节太多，罗列不下所有注意事项，先记录到这儿……

这些，其实哪个老人都知道，毕竟吃了那么多年的盐了，比你们吃的米饭都多！但就是日复一日的日子里，有时难免会打个盹儿，很容易忽略。带孩子，一个脑子都不够使！好在我老当益壮！哼！

是啊，这年头，头脑意识清楚是多么重要啊！看好孩子才万事大吉！还要什么自行车啊！

哈哈

• • • • • •

谨以此画
向所有曾经、正在或即将替女儿带孩子的
姥爷和姥姥们致敬！祝您们身体健康，幸福永远！

智慧姥姥无招胜有招

老人带孩子，不是只局限于整天窝在家里和小区哦。有时候，还会骑车带孩子穿越马路出来逛逛……

于是，各种马路问题就出来了……

所以，特把老人们带着孩子在马路上的典型表现做一下对比记录。不是说晨姥姥做得就好，只是觉得晨姥姥的安全意识在同龄人当中比较强一些，记录下来其实也是提醒我自己！因为，我也有慢慢老去的那一天……

老伙伴们，不骑霸王车，不许斗气哦！为了孩子们，有些小毛病，要改改哦！

现在生活条件好了，老人带孩子出门，不局限于骑自行车和电动车了，有的还会开着四轮电车，或小轿车……所以更要看好孩子哦~

其他部分老人　VS　晨姥姥

（1）孩子坐在车后座，您会怎么做？

红星闪闪亮，
照我去战斗！

大妈！
你孩子掉了！

光顾着自己销魂
陶醉，玩命猛蹬。

大晨别睡着了哦，
快看树叶都是什么
颜色的？

在安全的情况下，
时不时地摸摸孩子，
说着话，避免孩子
乱动，或其他不安全因素。

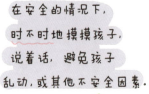

（2）骑车时，来了电话该怎么处理？

什么？老李头中了二十万！也不亏他潜心钻研彩票二十年！balabala……

走啦！您呐！

侃起来没完没了收不住！被可恶的坏人盯上……

骑着车子呢，回家再接！

姥姥，手机响了！

如果没有什么重要的事，骑车时就不要着急摸手机，以免导致车子摇晃，孩子意外摔下。如果感觉是急事，一定要把车子停在路边，安顿好孩子，再接打电话。

（3）前面路边停着一辆小轿车，您会怎么办？

紧靠着轿车的边缘骑车，恰巧遇上一个忘记看后视镜的司机！

啊！！！

砰！

啊！！！

大晨记住了啊，离路边轿车要远远的，哪里安全咱走哪里！

大妈，你说拐就拐，你家人知道吗？

嘀嘀！

嘀嘀！

嘀嘀！嘀嘀！

生穿啊！

相信每位开过车的亲，在行车道上，都很怕看到这种不转头不回头不管不顾就带着孩子见缝插针、横过马路的老人吧？！

这年头就是赶火车，也没火急火燎的了！宁停三分，不抢一秒！

（5）在马路上，要多多注意井盖，您是绕着走的么？

嗯，
自己蹦着玩吧！

咕咚
咕咚响哦！

井盖没有对接严实，
踩上去左右摇晃，
就像跷跷板！

好可怕！

不能踩哦！
万一井盖不牢固，
就掉下去了！
你看，你看，
这个都翘边了！

（6）大马路上有扎堆的人群，您爱看热闹么？

坐那里别动哈！
我凑上去看两眼！

里三层外三层
家长里短，场面火爆！

看这阵势，像打架的！
一会都得让120拉医院去！
咱才不看呢！打到你就麻烦了！

姥姥，那边
干什么呢？

（7） 您有没有纵容孩子骑着幼儿电动汽车或滑板，去宽阔的马路上玩？

（8）马路旁边施工的大型设备，您有没有意识到不安全？

危险！走远点！

看这个不哭，让你看个够！看够就回家！

离吊车的距离很近，且没有任何防护设施！

吊车太沉了，只能远远地看，万一东西掉下来，都能压坏一头小猪！

啊！

（9） 遇见熟人，您会不会聊起来忘了重点？

嘿，料子可好了！

你这衣裳可真好看，
闺女给买的吧？

公众场合，孩不离身。
绝不把孩子单独放在
一边……

（10）带孩子出来玩，遇上天气突变，回家的路上，您会避重就轻吗？

跑起来！
刚买的新衣服，
别淋脏了！

别着急，慢慢走！
要是下雨，
咱们去店铺避避！

嗯！
姥姥领着，
大晨不怕！

大晨妈妈手记：

最后强调一下：

①老人和孩子走在马路上，一定要记得与孩子处于 平行位置，避免与孩子"错位"行走，也不要让孩子跑在前面！要紧牵孩子的手！

②小一点儿的孩子要由老人抱着过马路更安全。

③阴天有事不得已出门时，要注意给孩子穿颜色鲜亮的衣服！

④不要带孩子去小河边玩耍，万一滑落，老人也束手无策。

⑤万万不要忽视了安全教育。

老伴儿，你说，我这姥姥当的合格不？给个痛快话！

还行吧！要是没有我在背后做后盾，你也没这么灵活！

是啊，有你在身边帮忙，我看孩子才这么游刃有余！咱们看大了孩子，又看大了孩子的孩子，尽管很累，但很快乐哦，呵呵！

爸爸的一生

给这篇漫画取名"爸爸的一生"，主要是想感恩自己的父亲，也就是我最挂心也最尊敬的"晨姥爷"！自从做了母亲，才更加地理解他们的不容易。爸爸那辈的童年，基本都饱含辛酸，所以每次听妈妈说起爸爸的故事，我都很心疼。

我想对爸爸说：您的健康快乐，才是我最大的踏实。为您创作的这幅漫画，我要保留一辈子。只望时光慢慢走，不要再让您变老了，我愿用我的一切，换您岁月长留……

爸爸这辈子，有兄弟姐妹四人。
他最小，上面有一个哥哥，两个姐姐。

大伯　　　　　大姑　　　　　小姑　　　　　爸爸

爸爸和小姑是靠哥哥姐姐（我大伯和大姑）拉扯大的！
因为，奶奶在爸爸3岁的时候就去世了……

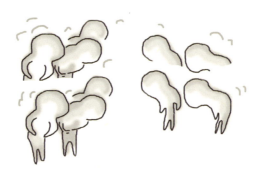

那时候，爸爸才3岁，还不懂事。
他不知道家里怎么突然来了那么多人，
也不知道这些人为什么都在哭！

3岁，穿着补丁摞着补丁的衣服，
在没什么记忆的年龄里，
我的爸爸，就这样与他的母亲诀别了，
从此母亲就是这么一张黑白照片！

也就在那天，爸爸吃到了三年来
最好的一顿饭！

在那个年代，人们都忙于生计，生活贫困，
既不可能顿顿吃到大鱼大肉，
也不可能闲来无事聚在一起吃大餐。
也只有在特殊的情况下，
才会有这么多的人，和这样一桌饭……

爸爸只享受了三年的母爱，
以后的日子，内心深处，
喜怒哀乐，就都是一个人扛了……

就这样，时光荏苒，渐渐长大……成年后的爸爸，和妈妈自由
恋爱。我到现在都觉得，可能上天也看爸爸太苦了，所以赐给了
他一个好妻子！

后来，爸爸为了赚更多的钱养家，去邻近城市
工作，那个城市距离我家有40公里。

那时候，交通不便，要搁现在，开车一会
就到了。但那时候，却要倒两次公共汽车。
爸爸为了省钱，有时竟然骑自行车回家！

还为了省时间，
常常会在周五的夜里，
就要开始往家蹬了！

有一次，还不到周末，但爸爸太想家了，
由于自行车被偷，爸爸从头一天的傍晚
就开始一步一步走着，靠双脚，步行走到了家！

即使是现在，当妈妈回忆起爸爸当年办的这件"傻事"，
说到打开门看到爸爸穿着磨坏了底的鞋子，
气喘吁吁了手里还提着一兜苹果时，
妈妈依然眼泛泪光……

冬去春来，我也渐渐长大……
这些年，我的爸爸，依然坚强、善良、质朴、不富有，
但却一直引导我朝着太阳，向前进！

后来我考上大学，第一次离家去外地。
当时妈妈把我的生活费打在了一张卡里。
但爸爸又给了我一个信封。

这是一千块钱，
爸爸暂时没太多了，
等以后有了钱……

那时，我拿着爸爸给的这笔钱，
迟迟不舍得花。每次掏出来，
眼前都会浮现出爸爸日趋苍老的脸，
和听说过的他辛酸的儿时……

所以，每次听到妈妈的埋怨：

你说你爸，
越老越懒，
越懒越不想动！

我都会说：

行了，别说了，
我爸小时候太可怜了，
3岁就没了妈……

后来，慢慢演变成，
不管是不是爸爸的错，我都会屹立不倒地站在爸爸这边儿，
用这句话来替他说话！

大学毕业后，我毅然回到家乡，守在爸妈身边，
因为，我很怕看到这样的情景：

邻居老王家的孩子们都回来了，笑声可真爽朗！

但是，咱孩子在外地工作忙，别打扰她！

于是，我选择了一辈子守在他们身边……不走远。
我渴望看到爸爸升级做姥爷，有儿孙围绕的日子。
后来，我生了女儿，我才发现，爸爸比我想象的还要激动！

大晨，看姥爷给你买了什么？你妈小时候家里条件不好，这些她都没见过！

每次听到爸爸这么说，我都感觉他是在**补偿我**！

前年，爸爸的二姐，因为病情恶化，也离开了。爸爸失去了母亲，父亲，这，又失去了一个他最尊敬的人。那天，我看到爸爸，在小姑的照片前，放声大哭。

二姐，你受罪了！

老人的泪，最揪心。
老人的悲痛，最凄凉。

除了我和我妈，这个世界上，爸爸的亲人就只有一哥一姐了，所以，我知道爸爸更加倍地珍惜亲情。即使他今年因身体不适住了院，还在病床上念叨着大伯和大姑……

我在一旁，捏着衣角，泣不成声。

爸爸，我一直知道你不容易，
但是你总是竭尽所有，把最好的给我们。

父爱是座山，
有这座山在我眼前，
我日夜才踏实……
爸爸，相信我，以前，现在以及以后每一天，
都是我回报的时候……
我会让你们过得更好！

永不孤单！

最深处的爱

这几天大晨没来,也不知道有没有问起我?

必须问啊!我说你也就住十几天,这不,天天掰着手指算日子呢!

晨姥爷病了,在临城一个相对较好的医院住院。

如果不堵车,从我家到医院,需要开车一个半小时。

于是我们只好来回倒班,轮流陪护。但并不是每次去医院

都带大晨……

（我、晨爹、晨姥姥,三班倒。

送饭的、管孩子的、陪护的。）

夜里睡不着，拿着玩具，想起了病床上的爸爸，和夜间陪护的妈妈！想想这些年他们为我们看孩子所受的累……泪流满面。

千万次的祈祷，爸爸一定要身体健康！一定会**平安！**还有很多恩情，一定要等我报答！

夜深人静，哭泣声太孤立，惊醒了大晨……我没说一句话，呆呆地看着她，她似乎很懂我，也跟着哭起来……

我想姥爷！

姥爷在病床上还没忘给你买玩具！

压抑了很多天的泪水，终于爆发，娘俩抱头痛哭！
一个是因为太了解病情，一个是因为太想念！

第二天，大晨看着影集，不断叹息……

你看我姥爷，那时候多好！咱们蹦蹦跳跳去海底世界！我喜欢不生病的姥爷！不生病的姥爷天天笑呵呵的！

姥爷现在身上有药味！天天打很多针！姥爷都成瘦老头了！很可怜！

小孩最知道谁疼她！最能记住恩情！

这是又想姥爷了！

一定 健康 平安

台前幕后 的 力量

台前，是为生活奔波、努力奋斗的我们。

往往幕后，都会有一个强大的

精神力量支柱！

小顽猴折腾累了，才唱了一首歌，就哄睡成功！别担心了！

给孩子们把白开水冷好！

大晨妈妈手记：

爸妈被"熊孩子"折腾得汗流浃背，但还依然不急不躁地转身为刚下班的我们冷好了白开水……职场爸妈在前线用心地拼搏，背后肯定有稳定军心的力量在全力支持着！付出全在生活的点滴里！

大晨，你现在还小，时常会顽皮得气到姥姥，但姥姥总会更加倍地爱你。所以不管什么时候，咱们一定不要忘记了这份恩情！

第六章
Chapter 6

"熊孩子"，
怎么爱你都不多

男人的变化

恋爱时，你喜欢和兄弟喝酒聊天，
我劝你少喝点，你说：

喝多伤身，咱得注意
咱自个的身体啊！

别大惊小怪！
喝点酒算什么！

刚结婚时，你喜欢熬夜看球，
我劝你早点休息，你说：

早点睡吧！
要球不要命了！

好球！

没事！我的身体
好得很！

婚后一年，你经常出差，
我说你不要乱吃外面的东西，你说：

不干不净，
吃了没病！

地沟油！

我怀孕了，你依然我行我素，
回家就抱着电脑打游戏，
我说你整天对着电脑辐射太厉害．你说：

没事，现在对着
电脑的人多了去了！

%￥……#
@#@&￥#

孩子出生了，你突然话越来越少，
抱孩子姿势不对，
就让我抱着，你光盯着看，
我以为你不喜欢小孩。

你抱着她就睡觉！
我抱着她怎么就大哭呢？

但是孩子病了，你比谁都着急。
我说没事，孩子都是这样，什么都得经历，
你说:"那怎么行？我家宝贝哪能受这种苦！"

快给我收拾东西，
取钱去医院！

孩子入园第一天，哭着要回家找爸爸，
我转头看你，你红着眼眶揉眼睛！

爸爸不要
我了吗？

哎……可怜的
上学娃！

孩子入园后，只要你不出差，
总会想办法早早去接，
在校门口和大爷大妈们一起等孩子放学，
你说这样很幸福。

老大爷，咱们
又见面啦！

年轻人，
又来啦！

幼儿园

我 工作忙 的时候，你会说：

老婆去躺躺吧！
一会做好饭叫你！

只管你做的饭
也就那么回事儿

下班回到家，你就会和孩子玩 亲子游戏，
哪怕是让孩子在你身上画画。

画只
大蚂蚁！

体验后有什么
感悟？和在纸上画
效果一样么？

大晨妈妈手记：

这些年，你看到了我的辛苦，我看到了你的成长。

尽管还有不尽如人意的地方，

但是我觉得不能对你太苛刻。

我想对你说：老公，谢谢你~

在这暖心的日子里，

我为你画了这幅漫画，

感谢你的付出！也期待我们更好的未来！

不过你不要骄傲哦！O(∩_∩)O~~

果真欢乐多

啦…… 啦…… 啦

点亮我生命的

火火火火火……

她干吗呢？
唱半小时了！

吃饱了，练嗓呢！
唱个差不多，
一会儿还得练功呢！

还差一点点！

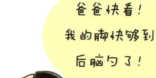

爸爸快看！
我的脚快够到
后脑勺了！

爸爸，快看！
还差几米？？

啊？
这是差几米？
我也是醉了！

大晨妈妈手记：

　　男人白天上班，下午下班回来和孩子玩一会，真真是天天有惊喜！几分钟的亲子时间，简直就是驱赶上班疲惫之良药啊！孩子在成长，每天都有新变化。晨爹时常感慨，孩子简直就是天生的喜剧大师！自己是越发招架不住的节奏啊，呵呵！

信任的力量

我和女儿约定，谁做错了，就要伸出手，被打一下！

刚才我说了一句脏话，没控制住，对不起！你打我的手吧！

没事没事！

咱不能坏了规矩，我错了，甘心受罚，来一下吧！

你都知道自己不对了，以后别再说了，我要也学会那可麻烦了！

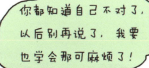

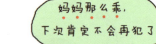

那怎么行？好没原则啊！做错了怎么能不得到应有的惩罚呢？！

妈妈那么乖，下次肯定不会再犯了！

好家伙，几句话哄得我，都不知道哪跟哪了，下回咋还好意思再犯呢！额捧是真心喜欢这样的学术氛围耶！

我做错时，女儿总会原谅我。

可是……

当她做错时，我却忘记了她对我的仁慈。

啪

人的眼睛是最重要的，你知道你拿小木棒戳人家的脸，有多危险吗！！

小孩子那样做，固然危险，但他们当时根本意识不到这些潜在的不安全因素。只有大人及时发现并制止，才能更好地做到预防。但我总在发火后再自责。结果，孩子害怕了，我还大动肝火。想想这真心不是好方法。

　　其实我不该先河东狮吼的，我该先与孩子好好沟通和交流的。就如现在：

大晨妈妈手记：

　　有的时候，大人都会吃软不吃硬，逆流而上，知错犯错，就是因了那份叛逆。更何况孩子啊……

　　所以今后，我会好好学习和摸索如何和孩子 共同成长，找出孩子最易于接受的方式方法，蹲下身来，同她交流，杜绝做那枚一点就着的鞭炮妈妈！！

　　其实，当我犯错后，小家伙给我块"糖"吃，又无比相信我今后会改正的那个小方法，也是可以借鉴的。

　　本身养育孩子的过程，就是一种自我修行啊！

　　是孩子教会了我：

"认可与相信"永远比"贬低不信任"更深入人心！

我有一个女儿

离我们家不远，是市里最正规的一所敬老院，我和大晨经常去看孤寡老人，时间长了，院长、护工以及一些老人都认识了我们……

宝贝，去那里，并不是想让你看到老人的生活是什么样子，只是希望你拥有一颗善良的心，懂得尊老爱幼，知道善待老人……

姥姥，你歇歇吧！给大晨洗衣服太辛苦！

好窝心啊……

我们喜欢带着你去旅行，近的、远的，
只要你喜欢，只要你乐意，我们就会成行……
去户外体验，并不是想让你成为多么强大的人，
而是希望你拥有 纯正的品格和坚强的内心……

我们让你接触画画和音乐，并不是为了让你长大后要做什么什么专家，而是为了让你的心灵充满高尚的情趣！

等你长大后，我更会告诉你，人这一生，必须要拥有一件珍贵的才能，因为它是可以让你除了爱情之外，双脚能够紧紧地站在这个地面上的东西！

爸妈不会强迫你做什么，我们会让你亲自去走自己的人生，爸妈只会做好一个观赏者，倾听者和引导者……

九月一号，你就要上小学一年级了，
我们并不看重你是不是班里的第一第二名，
只要你拥有学习的能力和坦荡的人品，

即使成绩不优秀，
我们也一样开心！
因为妈妈知道你会努力。

我们并不看重你会不会是班里的焦点人物,我们只要看到班里人人喜欢跟你玩儿,就可以了……

我们并不看重你将来有多么漂亮，
我们只要你做一个 相信自己 的人，
这才是 最大的气质 ！

我能行！

孩子，你的爸妈是 热爱生活 的人，
每天都在 朝气蓬勃 地珍惜着 时光。所以，
即使玩，也玩得 充实，即使进步，也充满价值！
一切的一切，为明天铺路，让我们
为以后的几十年，收集更多更亲密的美好……

我们总说，无论什么时候，都不要为了小恩小惠放弃自己的信念。物质世界太过复杂，要懂得如何去拒绝虚荣的假象。

我们希望你自始至终都是一个有理想的人……

无论何时何地，妈妈都会做你最最忠实、最最值得信任的

好朋友！

好！

孩子，今后还有很多的地方 需要我们一起去走遍，还有很多的经历需要我们一起去触摸，还有很多的 理想需要 我们 一起去实现……

孩子，我们是因为有了你，才更加的热爱生活！才更加懂得了人生！所以我们对你，感激不尽。

宝宝的手，妈妈的心！

我一直相信在这个世界上，
感情是有颜色的！
所以，让我们怀着感恩的心，积极生活，
善待周围的一切……

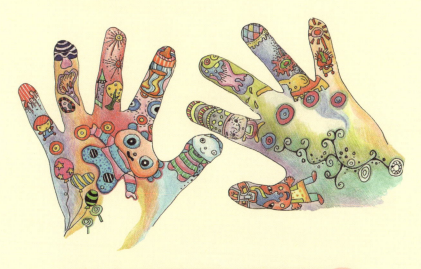

孩子的手，这么小，这么需要保护……
她们手里握着童年，握着对全世界的爱！
我们一定要好好保护和珍惜这份纯真哦！

简单爱

我把左手按在纸上，出现一个
空白的模型，于是，晨妈脑子里爆发了
一个"小宇宙".

画完，我反复地看，
晨爹说："女人真麻烦，臭美!"
我说："没办法，我追求的就是简单美，
要的就是简单爱!" 呵呵。(^o^)

依靠

心血来潮，拽过晨爹的右手，按在了纸上！
顿时，白纸上出现了一只大手模型……
于是，晨爹的手，就是我最温暖的画板……
晨爹说："嘻嘻，我不会画，只好配合你！"
(^o^)~

这只厚实的大手，
就是为我们遮风挡雨的"伞"！

珍惜·永远

感谢父母，感谢老公，感谢孩子，
感谢梦想，感谢生活……
感谢你们给我的一切！

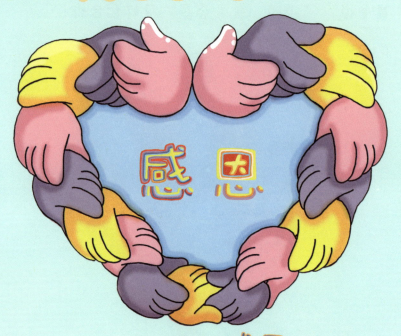

人的心中只要时时感恩，知足！
天天都是幸福的！